U0106304

科普漫畫系列

趣味漫畫十萬個為什麼

物理篇

洋洋兔 編繪

新雅文化事業有限公司
www.sunya.com.hk

人物介紹

小淘

聰明、淘氣的小男孩，好奇心極強，經常向叔叔提出各種問題，其中不乏讓叔叔「抓狂」的問題。

南南

小淘的妹妹，善良、可愛，經常熱心地照顧和幫助周圍的人。她也像大多數女孩子一樣，愛打扮、愛漂亮。

叔叔

　　十分博學，無論什麼樣的問題都能給予答案。他也很愛幻想，總覺得自己有一天能成為超級英雄。

布拉拉

　　來自誇啦啦星系的外星人，因為飛船出現故障被迫降落地球，被這個神奇而美麗的星球吸引住了，於是寄住在小淘家學習地球的文化。

一個外星人的奇遇

布拉拉在太空漫遊時，不小心迷失了方向，撞到了地球上（實際上是不好好學習自己星系的文化，被踢出來的）。他被地球美麗的景色所吸引，於是決定定居下來，開始拚命地學習地球文化……

呼！

啾—

轟隆—

啊……
救命啊！
這是什麼
怪物?!

劈一

轟！

這怪東西居然會
發電?!

痛死了！

布拉拉就這樣被留在地球上……

做快點！你要做25年家務，才能還清欠我們的買車錢！

我真命苦啊……

目錄

為什麼放大鏡可以用來點火？

南南，把火柴拿來，準備點火。

糟糕！火柴被飲料弄濕了。

布拉拉，你不是可以發電嗎？用閃電點火吧。

看我的！

快看！快看！樹枝燒着了。

叔叔！原來你會用魔法！

這個不是魔法，而是科學！

秘密就在這個放大鏡上。

當光線從一種*介質（例如：空氣）斜向進入另一種介質（例如：水）時，它的前進方向會發生變化，不再沿着原來的方向前進，這就是光的折射現象。

*介質：傳遞聲波、光波等的物質。

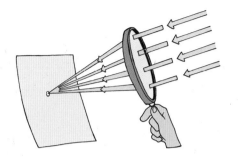

　　放大鏡是一種凸透鏡，特點是鏡片中間厚，邊緣薄。

　　當光線從凸透鏡穿過時，光線會產生折射，並向一個焦點會聚。

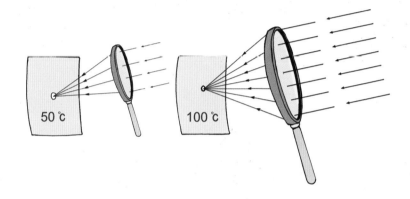

50℃

100℃

　　焦點位置的溫度與凸透鏡的受光面積有關。受光面積越大，接收的光線越多，焦點溫度越高。

這麼說，只要有陽光，就可以用放大鏡點燃任何東西了？

不是什麼東西都能點燃起來，像紙、木頭、布這樣的易燃物比較容易點燃。

好啦，準備燒烤了！

嘶……

嘩！

呀——

你們兩個等着瞧，我不會放過你們的！

為什麼用兩個紙杯就能打電話？

布拉拉，你信不信我不用電也可以給你打電話？

只用這兩個紙杯嗎？我才不信！

你們一起做實驗試試吧。

布拉拉，你輸了，哈哈！

咦？這是怎麼回事？

讓我來告訴你這個原理吧！

　　「紙杯電話」可以傳聲，是因為聲音透過連接兩個紙杯的棉線的振動，將聲波從一個紙杯傳遞到另一個紙杯。

聲音可在固體中傳播。

　　聲音透過物質的振動來傳遞聲波，物理學中把這樣的物質叫做「介質」，氣體、液體、固體均可成為傳聲的介質。不過在真空環境下，由於沒有任何介質，所以聲音沒法在真空中傳播。

聲音也可在液體中傳播。

真空環境

真空環境中不能傳聲。

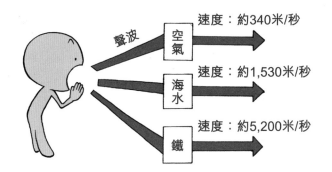

聲波

空氣　速度：約340米/秒

海水　速度：約1,530米/秒

鐵　速度：約5,200米/秒

　　聲音在不同介質中的傳播速度不同，在固體中速度最快，液體其次，氣體最慢。

為什麼看到閃電後才聽到雷聲？

啊！好可怕！

嘿嘿嘿，女孩子就是膽小，什麼都害怕……

車轟隆隆!!

呀!

嘿嘿嘿,你還說我膽小。

我沒想到那一下雷聲這麼大啊!

為什麼閃電和雷聲不是同步的呢?

因為光和聲音的傳播速度不一樣。

閃電和打雷的發生時間幾乎是相同的，但光的前進速度約為300,000,000米/秒，而*音速則約為340米/秒，光速跑得遠比音速快，所以我們總是先看到閃電，然後才聽見雷聲。

* 音速：通常音速是指在空氣中聲音的傳播速度。

我們一般只會聽到15公里以內的雷聲。

有時候，我們只看見閃電，卻沒聽到雷聲，可能是因為雷暴發生的地方距離我們較遠，雷聲已折射往上空，我們就聽不到雷聲了。如果閃電後很快便聽到雷聲，那就很可能是你跟雷暴發生的位置很接近，需要馬上到安全的地方暫避了。

雷聲不斷隆隆作響，原來是來自聲音的反射。

閃電使空氣膨脹和振動，引起雷聲。雖然閃電只是一閃而過，但有時候雷聲會持續好幾秒鐘，原來是因為我們聽到的第一次巨響是來自整道閃電中最接近我們的那部分，而隨後較弱的雷聲則是來自附近的山或建築物反射出來的聲音。

其實我認為雷聲和閃電能夠同時出現的。

怎麼可能呢？我從來沒見過這種情況。

比如像這樣……

轟隆！

嗞嗞！

你故意等着打雷時發電，當然能令兩者同時出現啊！

笨蛋，我在開車呀！你這樣做會令我們很危險的！

為什麼沙漠中會有海市蜃樓？

好累啊！什麼時候才到休息的地方？

快到了！你們看，那裏有個小鎮！

怎麼回事？小鎮消失了……

難道我們進入了一個魔法空間？

不是這樣的，我想我們是遇上海市蜃樓了。

海市蜃樓？那是什麼東西？

那是一種光學現象。

為什麼沙漠中會有海市蜃樓呢？

這是出現在海上的海市蜃樓。

　　海市蜃樓，也稱為蜃景，是一種因光的折射而形成的光學錯覺。在天空中，不同密度的空氣層會令光線發生折射，使遠處的景物反映在天空或地面，形成海市蜃樓的虛像。在古代，人們以為這種虛像是蜃（大蛤蜊）吐氣變成的，又因最初是在海上發現蜃景，於是把這種虛像叫做「海市蜃樓」。

　　一般情況下，光線照射到物體後會直線前進，反射到我們的眼睛，但也有一些特殊情況。例如沙漠表層的空氣溫度比上層的空氣溫度高，所以下層的空氣密度小於上層的空氣密度。光線穿過不同密度的介質時會發生折射，令原本直線前進的光線變得彎曲。人們看到折射過來的影像，便誤以為景物就在自己的正前方。

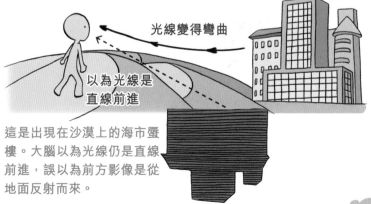

光線變得彎曲

以為光線是直線前進

這是出現在沙漠上的海市蜃樓。大腦以為光線仍是直線前進，誤以為前方影像是從地面反射而來。

為什麼在夏天穿深色衣服比穿淺色衣服熱？

布拉拉，你挑的衣服顏色太深了。

是啊，夏天不適合穿深色衣服的。

衣服顏色和季節有什麼關係嘛。

這件衣服好看，我就是喜歡它！

好吧，隨便你，一會兒別後悔哦。

你們不熱嗎？為什麼我覺得很熱呢？

我們不覺得很熱啊。

誰讓你買黑色衣服呢？

你指黑色衣服會讓人覺得很熱？

我來告訴你原因吧。

這是為什麼呢？

因為深色衣服要比淺色衣服吸熱。

可見光

太陽光是一種電磁波，分為可見光和不可見光。可見光是指肉眼能看到的光，例如太陽光中的紅、橙、黃、綠、藍、靛、紫的七色光；而不可見光則是指肉眼看不到的光，例如紫外線、紅外線等。

淺色的物體表面可以將大部分光線反射出去，因而吸收的能量少；而黑色則不反射任何光線，反而將它們全都吸收，所以它獲得的能量最大。

淺色衣服吸熱較少。　　深色衣服吸熱較多。

29

既然黑色是有效吸熱，這件衣服便留待冬天時穿吧。

你要在冬天穿短袖衣服嗎？

那就回去再買一件淺色的衣服吧！

小氣鬼！

為什麼照相機可以記錄影像？

好漂亮的花！

叔叔，給我拍張照片吧！

預備，
1，2……

布拉拉，你
突然冒出來
做什麼？

我們平時看到的照片，
就是來自這東西嗎？

是啊，它叫
做照相機。

可是，這
麼小的照
相機怎麼
把個子那
麼大的南
南裝進去
呢？

什麼個子大？
我明明是很嬌
小的……

照相機是
利用小孔
成像的原
理來記錄
影像的。

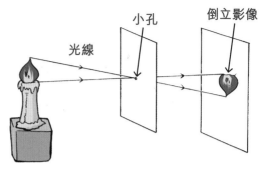

小孔成像是指光線從物體上的每一個點出發，沿直線前進，穿過小孔後，在投影處形成一個倒立的影像。

小孔成像會令影像上下顛倒。

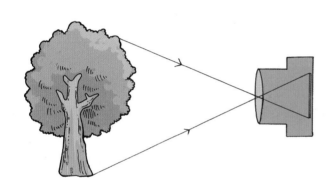

照相機利用小孔成像的原理，將來自景物影像的光線通過照相機的鏡頭進入相機中，這些光線投射到感光元件後，便能把影像記錄下來。由於照相機內置一個五稜鏡，光線通過反覆折射後，便能把倒立的影像還原成正向。

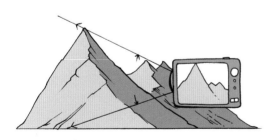

遠景拍攝，視角較大。

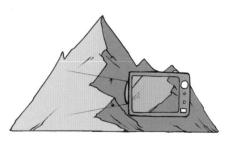

近景拍攝，視角較小。

當鏡頭距離拍攝的影像較遠時，拍攝出來的範圍較大；
當鏡頭距離拍攝的影像較近時，拍攝出來的範圍則較小。

太好玩了！讓我試試拍照吧！

好吧！

要把我拍得漂漂亮亮啊！

咔嚓！

咦？照相機壞了嗎？

我來看看。

儲存卡已清空。

裏面的照片都被你刪掉了！

我也不知道為什麼會這樣的啊！

為什麼哈哈鏡中的影像會變形？

今天是兒童節，我們說好了要交換禮物的！

這是我送給你們的禮物！

我們也準備好禮物了！

好漂亮的鏡子！

我怎麼會變得這麼胖啊？

你沒有變胖，就跟平時一樣啊。

那為什麼鏡子裏的我，臉變得那麼大？

這不是普通的鏡子，是一面哈哈鏡。

小淘，這又是你的惡作劇吧？

臉真的變大了，為什麼哈哈鏡會讓我的樣子變形呢？

因為哈哈鏡的鏡面有弧度，照出來的樣子就變形了。

哈哈鏡的鏡面，有的是凸面鏡，有的是凹面鏡。凹凸不平的鏡面會令光線發生不同的折射，令鏡中的影像有的被放大，有的被縮小。

光線

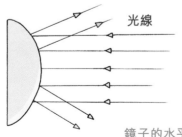

凸面鏡

鏡子的水平線向外凸出，令影像的左右縮小，看起來就像瘦了。

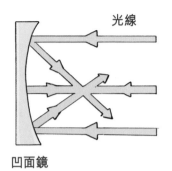

光線

凹面鏡

鏡子的水平線向內凹陷，令影像的左右放大，看起來就像胖了。

哼！我以後再也不把筆記借給你了！

別生氣嘛，我再送你一面平面鏡好了，筆記繼續借我吧。

叔叔還沒有送我們節日禮物呢。

對啊，叔叔預備了什麼禮物呢？

我帶你們去吃美食吧！

太好了！

趁熱吃啊，很好吃的！

烤番薯

為什麼風力可以變成電力？

困在車上真無聊，還有多久才到目的地呢？

是啊，我已經睡了又醒好幾次了。

你們看那裏！

好多大風車啊！這裏是遊樂場嗎？

這裏不是遊樂場，而是風力發電場。

這些大風車其實是風力發電機。

風和電是兩種東西吧？

風又怎麼能發電呢？

利用風力發電機，就可以把風的能量轉化為電能了。

物體在運動時具有一種能量，稱為「動能」，而「風能」就是因空氣流動而產生的能量。通過外表像風車一樣的風力發電機，就可以把風能轉化為電能。

　　大型風力發電機一般設於多風地帶，以方陣形式排列，形成風力發電場，並與電網（由變電站、電纜、架空天線組成的輸配電網絡）連接起來。

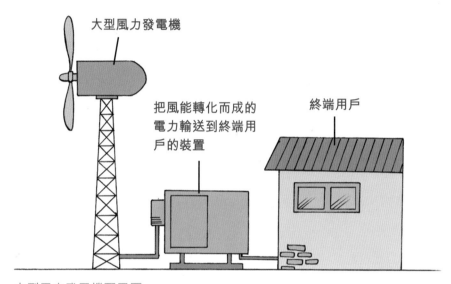

大型風力發電機配電圖

　　為了配合風向的改變以獲得最大的風能，大型風力發電機的內部安裝了感測器探測風向，並透過轉向裝置令風輪自動轉變方向，迎向來風。

　　小型風力發電機雖然沒有轉向裝置，但它的尾舵能使機頭靈活轉動，使風輪始終對着來風的方向。

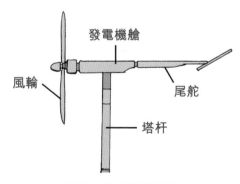

小型風力發電機結構圖

　　用風力發電機把風能轉化為電能，期間不會排放出溫室氣體，引起全球暖化問題，而且風能取之不竭，是一種清潔的可再生能源呢。

原來風的力量這麼大！

據統計，丹麥在2017年的風力發電已佔全國用電量差不多一半了。

而且風力發電既不會污染空氣，也不會產生輻射。

布拉拉為什麼要到車斗裏坐？

他想吹吹風嗎？

他說他要用風力充電……

為什麼水會凝固成冰呢？

唉，天氣太熱了，好想喝凍飲啊！

家裏的雪櫃好像還剩一瓶凍飲。

只剩一瓶了?!

誰先到家就能喝那瓶凍飲!

我拿到凍飲了!

水在常溫下是一種液態物質，而在不同的溫度下則會變成氣態或固態 —— 氣態的水是水蒸氣，固態的水是冰。

液態

氣態

固態

任何液態物質都有它的凝固點，達到凝固點，液態就會轉化為固態。水的凝固點又叫做「冰點」。在攝氏0℃時，水會凝固成冰；攝氏100℃時（水的沸點），水會蒸發成水蒸氣。雪櫃的冷藏室的平均溫度約在攝氏4℃，而冷凍室則平均約在攝氏-18℃。所以液態的東西儲存在冷藏室中不會結冰，但放在冷凍室中就會凝固成冰了。

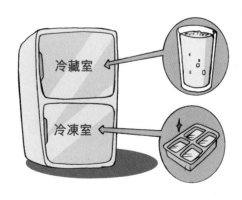

這瓶凍飲什麼時候才能變回液態呢？

這不是我剛才放進冷凍室的飲料嗎？這麼快就凝固成冰了？

為什麼要把它放進冷凍室呢？我現在喝不到了啊！我好渴好渴……

我本想冰鎮一下，結果給忘了……

不過，你可以去和他們一起吃西瓜。

小淘、南南，給我留幾塊啊！

為什麼溫度計可以測量溫度？

呼呼～

小淘、南南，我好熱啊！

是啊，現在室溫達攝氏35℃了……

你怎麼知道的？

小淘真厲害！

因為我聰明嘛！

別聽他胡説八道。

那個温度計顯示了這裏的温度呢。

為什麼這個紅色水柱能用來測量温度呢？

這個紅色水柱其實是染了色的酒精，利用酒精熱脹冷縮的原理，温度計便能用來測量温度了。

用來測量溫度的工具，例如溫度計、體溫計，它們的密封玻璃管中一般都裝有水銀、酒精等。不過，因水銀含毒，現在已經很少人使用水銀溫度計了。

當溫度升高時，溫度計內的液體便會膨脹，並沿着玻璃管上升。溫度越高，溫度計內的液體也升得越高。溫度計上的刻度，就是表示液體在不同高度時的對應溫度。

酒精很「耐寒」，它在攝氏-114℃才變成固態（沸點則為攝氏78℃），因此酒精溫度計可用於測量較低的溫度，例如北極地區的冬季，在有紀錄以來的最低溫度為攝氏-60℃，酒精溫度計在這嚴寒環境下仍能發揮作用。

小淘，出了那麼多汗，不要馬上對着電風扇直吹，會生病的。

我不管，我要快點涼快起來。

好像有點發燒，量量體溫吧。

體溫計在哪裏呢？

不要緊，用這個也可以吧！

布拉拉，這種溫度計不能放進嘴裏的！

我們身邊的發電廠 —— 水壩

水庫
壩頂道
輸電電纜
控制閘
發電機
輸水管道
水輪機
河流
壩底

　　水力發電是把水能轉化為電能的發電方式,原理是利用水壩把水積存於水庫中,再透過控制閘令高處的水庫水源流到較低的地方。大量的水和水位由高至低的落差,令水流形成強大的衝力,推動水輪機轉動,再帶動發電機旋轉,產生電力。

考考你

香港首個水力發電站建於濾水廠內,到底是哪一個濾水廠呢?請把代表答案的英文字母圈起來。

A. 沙田濾水廠　　　B. 屯門濾水廠　　　C. 荃灣濾水廠

答案:B

為什麼自來水水管會「出汗」？

踢了一個上午的球，出了好多汗。

洗手間

你快去洗個臉吧。

水好涼啊，真舒服！

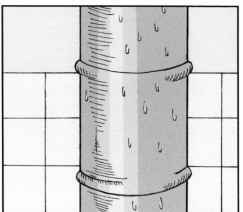

水管也覺得很熱吧？你們看，它都出汗了。

水管是死物，怎麼可能會出汗呢？

那不是汗，而是水汽凝結現象。

夏季陽光猛烈，地面的水會被大量蒸發，變成氣體，令空氣中的濕度變得相當高。相反，水管中的水很清涼，使水管本身的溫度比環境溫度要低。

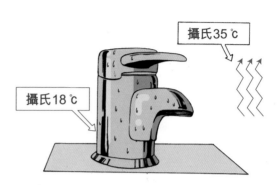

攝氏35℃

攝氏18℃

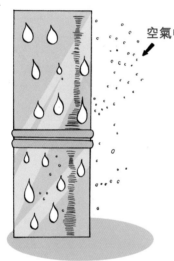

空氣中的水汽

當空氣中的水汽接觸到溫度低的物體時，就會在物體表面凝結成水珠。換句話說，水在這時候會從氣態轉化為液態。環境溫度與水管本身的溫度相差越大，凝結成水珠的速度越快。

在日常生活中，空氣凝結成水珠的情況很常見，例如煮湯的時候，鍋中蒸發出來的水蒸氣，在鍋蓋內凝結成密集的水珠，就是因為溫度較高的水蒸氣接觸到了溫度較低的鍋蓋而發生的現象。

金屬水管上的水珠最好要及時擦去，或者做一些防鏽處理，這樣可以延長水管的使用壽命。

布拉拉，你抱着水管做什麼？

這水管涼涼的，我想涼快一下嘛。

為什麼廚具的手柄不是金屬？

今天叔叔親自下廚做飯呢！

好香啊！

就是不知道味道怎麼樣……

你總是拆我的台，小淘！

鍋裏的湯已經煮好了，端下去盛到湯碗裏吧！

我來吧！

我的湯啊！

你要再煮一次了。

嗚……我燙傷了……好痛！

你握住鍋兩邊的把手就不會燙手了。

那對把手有什麼特別呢?

它們不是金屬,而是導熱性差的塑料。

還有這些廚具的手柄也是塑料的。

當物體的兩端有溫差時，高溫部分的分子運動會比低溫部分的分子運動激烈，熱能就會通過分子運動由高溫部分傳向低溫部分，這種傳熱方式稱為「熱傳導」。

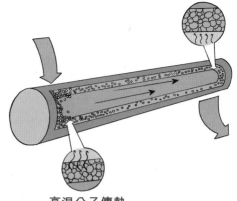

熱傳向低溫分子

高溫分子傳熱

自由電子

金屬的導熱性好，是由於金屬內部的自由電子（一種帶負荷的細小粒子）不斷互相碰撞，加快了傳熱速度。

那麼，為什麼金屬的導熱性較好，而塑料的導熱性較差呢？原來正是因為金屬原子核束縛電子的能力比較弱，脫離束縛的自由電子在金屬內自由移動，就可以很快傳熱；而塑料一般是有機物質組成，很少自由電子，所以導熱性差。

大量自由電子

金屬熱水杯

很少自由電子

透明塑料熱水杯

不同金屬的導熱性也有不同，傳熱最快的是銀，其餘依次序是銅、鋁、鐵。

原來廚具的把手上用塑料，是為了避免令人燙手。

下次你碰正在加熱的廚具時要注意了。

唉，可惜這鍋美味的湯沒有了！

幸好還有幾個菜，快嘗嘗我的手藝吧！

呸！

看來剛才那鍋湯倒了也不太可惜。

可惡！你們快把菜全吃掉，不能浪費食物的！

叔叔的廚藝果然不可靠。

為什麼同一物體在世界各地的重量不一樣？

太好了！我們要去環遊世界了！

我最喜歡叔叔的了！總是帶我們出去玩！

哈哈，我中了旅行社的一等獎，好事當然要跟你們分享。

嘩！

35 kg

我怎麼越來越胖啊！

你吃了那麼多美食，體重增加也很正常。

呵呵……

體重發生變化，說不定是到了國外的緣故。同一物體的重量在世界各地都會有些差別的。

為什麼？

因為體重的變化跟地球的重力有關。

北極（北緯90度）
重力加速度：9.83米/秒^2

北回歸線（北緯23.5度）

赤道（緯度=0度）
重力加速度：9.78米/秒^2

物體的重量會受重力加速度的影響。不同地區的重力加速度不同，反映出來的重量也就不同。例如同一物體在北極和赤道量度時，物體在北極時會顯得較重。重力加速度的單位是米每二次方秒（米/秒^2）。

離心力　離心力　離心力

北極圈　　　北回歸線　　　　赤道

　　物體所處的地理位置緯度越高，它隨地球自轉做圓周運動的軌道半徑便越小，所需克服的離心力也越小。不過，重力會隨之增大，令物體反映出來的重量也越大。

　　相反，越靠近緯度最低的赤道，物體隨地球自轉做圓周運動的軌道半徑便越大，所需克服的離心力也越大。所以緯度越低的地區，物體實際所受的重力就越小，反映出來的重量就越輕。

磅秤顯示你的體重增加，可能是因為我們從低緯度走到高緯度的地方。

真的嗎？

南南，你還是跟以前一樣苗條的！

幾天後……

這趟旅程玩得真開心！

嗯！我們要好好謝謝叔叔！

咦？叔叔去哪兒了？

唉，我比出發前胖了五公斤……

為什麼熱氣球沒有翅膀卻能飛？

這個飛行器真有趣，它叫什麼名字？

它叫做熱氣球。

布拉拉，你很喜歡坐熱氣球嗎？

是啊，熱氣球比飛機好玩多了！

飛機是一個封閉的鐵盒子，不能讓我像現在般在天上享受涼風。

說起來，飛機和小鳥都有翅膀……

熱氣球卻沒有翅膀，為什麼它能飛呢？

對啊，為什麼呢？

這是因為熱氣球中充滿了熱空氣。

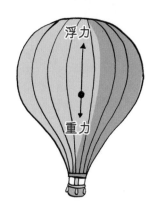

浮力

重力

熱氣球是利用空氣熱脹冷縮的原理飛起來的。熱氣球內部的氣體加熱後，體積便會膨脹起來，氣體的密度會比外面的空氣小，產生浮力。當浮力比熱氣球本身的重量及其載重量大時，熱氣球就會上升。

熱氣球在地面時，先用鼓風機將球皮充氣，然後用燃燒器加熱球皮內的空氣，從而產生浮力。飛行時，燃燒器會一直噴出火焰，而能源補給則來自綁在吊籃上的煤氣罐。如果要讓熱氣球下降，便要調控燃燒器，使熱氣球內的氣體慢慢降溫。氣體的密度逐漸加大，浮力就越小，熱氣球便會慢慢下降。

球皮

燃燒器

煤氣罐

我明白了，孔明燈也是利用這個原理飛起來的吧？

孔明燈

你說得對，南南真聰明！

你們還想知道其他飛行器的飛行原理嗎？趁現在有空，我逐一告訴你們吧。

一口氣聽那麼多，我擔心消化不來。

叔叔，火焰怎麼看起來變小了呢？

呀！快沒有燃料啦！

難怪這熱氣球的租金那麼便宜，原來是飛不了多久的。

嗚……我還想再飛一會兒呢……

叔叔就是愛貪小便宜！

為什麼熱水瓶可以保溫？

熱死我了！渴死我了！布拉拉，給我倒杯涼水來吧！

咕嚕——

布拉拉！
這是熱水
啊！

水是上午倒進去
的，現在已經下
午了，難道還沒
有變涼嗎？

這個是熱水瓶，是可以保持水溫的。

為什麼這個水瓶可以保溫呢？它和別的水瓶有什麼不同？

熱水瓶內有一層隔熱的真空層，所以能用來保溫。

真空層

鍍銀表層

熱水瓶的內膽是個雙層玻璃容器，兩層中間的空氣被抽掉，形成真空狀態，而內膽的表面則鍍有一層銀或鋁。

玻璃本身不易導熱，而且在真空隔層中沒有對流的空氣帶走熱量，就可以防止熱量散失，加上鍍銀表層能將向外輻射的熱能反射回瓶內，這些設計都令熱水瓶達到保溫效果。

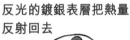

反光的鍍銀表層把熱量反射回去

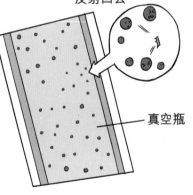

真空瓶

嘩！原來小小一個熱水瓶已用上三種設計來防止熱量流失。

第二天……

給我倒杯涼水……
渴死我了。

布拉拉，你又想給我
熱水喝嗎？

咦？從熱水瓶裏倒
出的水是涼的？

這次我在裏面裝的是涼水。

熱水瓶既然能
「保熱」，也
就能「保涼」
吧！

嗯，布拉拉你很會
活學活用啊！

哎呀，忽然想喝茶了呢。

家裏沒有熱水嗎？

沒有，熱水瓶都用來裝涼水了。

怎麼不準備熱水呢？
害我喝不了茶。

你真難伺候啊！

為什麼雨後會有彩虹？

小淘、南南，我帶你們去看好東西！

什麼東西讓你這麼激動？

你們快看，噴水池上有一條彩色的橋，是不是很漂亮呢？

原來是一條小彩虹！真好看！

這有什麼特別？雨後的彩虹比這個更好看呢。

下雨後也會出現彩虹？為什麼呢？

噴水池上的彩虹和雨後出現彩虹的原因都是一樣，是陽光與小水珠構成的一種光學現象。

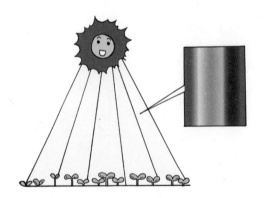

平時我們看到的陽光好像是白色的，而實際上陽光是由紅、橙、黃、綠、藍、靛、紫等七種彩色光會聚而成。

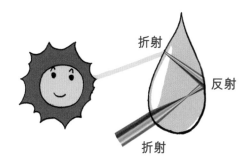

折射

反射

折射

雨水和噴水池使空氣中存在一些小水珠，當陽光穿過小水珠後，光線會產生折射。不同顏色的光，折射的角度也有不同，於是陽光會被分成不同顏色的多條光線。

接下來，不同顏色的光線會在小水珠內發生反射，然後在離開小水珠進入空氣時再折射一次。

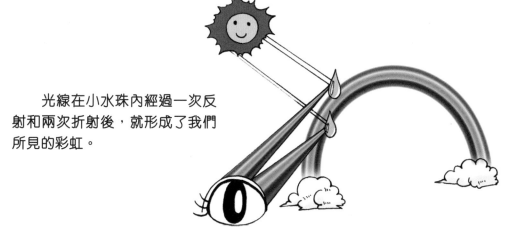

光線在小水珠內經過一次反射和兩次折射後，就形成了我們所見的彩虹。

雨後的彩虹比這個大嗎？

說得不錯，要大很多呢。

就好像在天上架起的一條大橋。

好想看看啊！

都怪布拉拉！説要看彩虹，結果馬上下雨了！

這也要怪我嗎？

為什麼木頭可以浮在水面上？

叔叔，我們怎樣到對岸去呢？

這裏好像沒有船。

那就游過去吧！

你不會游泳，為什麼還要跳下水？

你以為自己像木頭般，可以在水上漂嗎？

木頭可以浮在水上嗎？

當然可以,看我給你演示一下!

樹幹這麼重,為什麼能浮在水上呢?

因為木頭的密度較小。

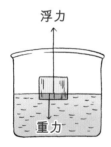

浮力

重力

　　水會給予水中的物體一種向上的作用力,稱為「浮力」。任何可以浮在水上的物體,它的重力一定小於水作用在這個物體上的浮力。

　　物體的重力取決於它的體積和密度。木頭能夠浮在水上,是因為兩者在相同的體積之下,木頭的密度比水的密度小,因此木頭便能浮在水上了。

木頭的密度:
450－750公斤/米^3

水的密度:
1,000公斤/米^3

在相同的體積之下,木頭的密度小於水的密度,所以木頭能浮在水上。

明白啦！那我們是不是可以用叔叔找來的那根樹幹過河？

沒錯，我就是這麼打算的。

但是……

那根樹幹已經漂走了。

你為什麼不早說？

沒有它，我們就不能過河了嗎？

對啊！一定要把那根樹幹追回來！

為什麼彈珠不能一直滾下去？

不玩了，我的彈珠沒有你的好，我總是輸的！

我來試試吧！

從沒有人在彈珠比賽中贏過我，除非你的彈珠能一直滾下去！

禁止作弊！

我很想贏嘛……而且彈珠怎麼可能一直滾下去呢？

布拉拉說得對，但你知道為什麼彈珠不能一直滾下去嗎？

彈珠在水平面滾動時，會受到接觸面的摩擦力的阻礙。只要物體的接觸面不是完全光滑，就會產生與物體運動相反方向的阻力，這種阻力就是摩擦力。隨着最初施給彈珠的力量逐漸被摩擦力抵消掉，物體的運動速度就會變得越來越慢，直至靜止。

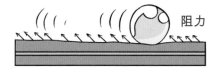

阻力

因為絕對光滑的表面根本不存在，所以物體不可能一直運動下去。

如果物體運動時，沒有接觸任何面，就不存在摩擦力了吧？

理論上是這樣的。

如果沒有接觸面的話，那麼……

看我的！

空中沒有接觸面所以沒有摩擦，彈珠會繞地球一圈，飛回到我這裏吧？

不會有你説的那種結果出現的……

空氣也是物質，也有摩擦力，此外還有重力影響，那個彈珠早就落地了……

所以説是「理論上」嘛……

你們怎麼不早説！

為什麼水壩下部修得比上部寬？

夏天是雨季，經常下大雨呢。

唉，今天不能出去玩了。

如果雨越下越大，會發生洪水泛濫嗎？

嗯，洪水泛濫的確會造成大量人命傷亡……

不過，水壩可以把雨水攔在水庫裏，防止水患。

水壩是什麼樣子的？

就像是這個樣子。

為什麼水壩是梯形的呢？

是啊，下面寬，上面窄，對防洪有什麼好處？

水壩的梯形結構是為了承受水對水壩構成的壓力。

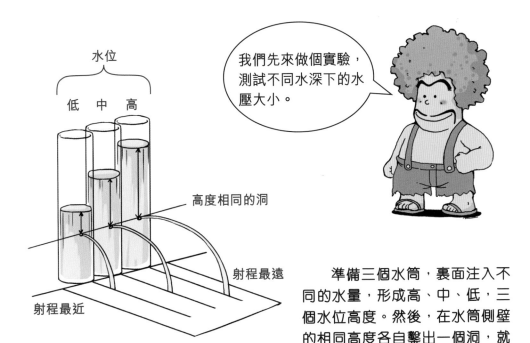

我們先來做個實驗，測試不同水深下的水壓大小。

準備三個水筒，裏面注入不同的水量，形成高、中、低，三個水位高度。然後，在水筒側壁的相同高度各自鑿出一個洞，就會發現從這三個洞中流出的水流，出現不同的噴射距離。水位最高的水流，噴射距離最遠；水位最低的水流，噴射距離最近。這說明水越深，水對筒壁構成的壓力越大。

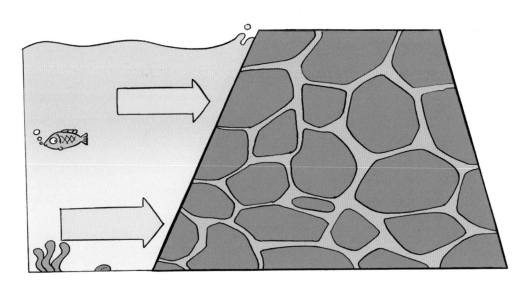

　　水對堤壩產生的壓力也是這樣，越往下壓力越大。寬而厚的壩底既可以承受較強的壓力，又可以使堤壩「站」得更穩，於是就有了水壩上窄下寬的結構。

這樣看來，叔叔果然適合當英雄！

你是不是覺得我學識豐富，是個值得人們景仰的英雄呢？

知道水壩的知識和當英雄有什麼關係？

你為什麼說叔叔適合當英雄呢？

因為叔叔的體形很像水壩，洪水來了的話，絕對沖不走他。

我們只要抓住他就會很安全，叔叔就成為英雄了！

為什麼沾水後的兩塊玻璃不易分開？

很累呀！

要不是你把窗戶弄壞，我們也不用幫你收拾殘局。

更換玻璃花了我不少錢，我要扣掉你這個月的零用錢！

嗯，先給我一塊吧。

玻璃洗好了！

奇怪，兩塊玻璃分不開了。

女孩子的力氣真小，看我的！

我也分不開它們。

哼，你的力氣也不大嘛。

還是我來吧。

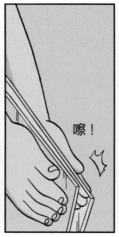

嚓！

叔叔果然是英雄！力氣真大！

不是我力氣大，而是我懂得當中的技巧。

難道水和玻璃發生了化學反應，兩者之間產生了膠水？

叔叔，真的是這樣嗎？

不是啦，兩塊沾了水的玻璃難而分開，是受到大氣壓力的影響。

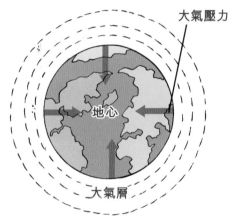

大氣壓力

地心

大氣層

　　地球的周圍被一層厚厚的空氣層包圍着，稱為「大氣層」。由於空氣可以像水那樣自由地流動，而且它也受到重力作用的影響，因此物體都會承受到來自空氣的重量，也就是大氣壓力的影響。

　　玻璃的表面雖然看似平滑，但實際上仍然有一些灰塵；或是玻璃本身也有些凹凸不平，致使緊貼的兩塊玻璃縫隙間仍有空氣。由於內外氣壓相等，兩塊玻璃很容易就能分開來。但沾水後，兩塊玻璃間的縫隙被水填滿了，縫隙間幾乎沒有空氣，玻璃外面的氣壓大於縫隙間的氣壓，兩塊玻璃就會緊緊貼合。

乾燥時，兩塊玻璃的縫隙間有空氣，所以容易分開它們。

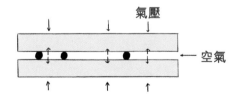

氣壓

空氣

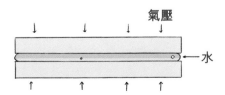

氣壓

水

沾水後，縫隙被水填滿，令兩塊玻璃難以分開。

原來大氣壓力是無處不在的。

那為什麼我們沒有被壓扁呢？

因為我們體內也有氣壓，它與大氣壓力相互抵消了。

唉，可惜可惜。

可惜什麼？

可惜大氣壓力不能把叔叔你壓瘦點。

廢話真多，快去給我換玻璃！

一公斤棉花和一公斤鐵，哪個較重？

我是一公斤棉花，雖然密度小，但是體積大。

我是一公斤鐵，雖然個子小，但是密度大。

　　體積相等的一塊鐵和一團棉花，鐵一定比棉花重，這是因為鐵的密度比棉花大。如果是一公斤重的鐵和一公斤重的棉花相比呢？兩者的重量當然是一樣啦！

　　物體的重量由物體的密度和體積決定。若兩者重量一樣，密度較小的，體積會較大。若兩者體積一樣，密度較小的，重量也會較小。

油和水是互不相溶的。把水和油倒在一起，油會浮在水面上，為什麼呢？

答案：因為油的密度比水小，所以會浮在水面上。

為什麼突然剎車時 人會向前傾？

我們已經領先了。
布拉拉，加油哦！

好，讓你們見識一下
我的本事！

吱吱吱——

哎呀！好痛啊！

為什麼剎車時，身體會不由自主地向前傾呢？

這是因為我們的身體有慣性。

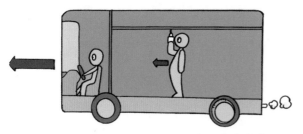

慣性，是物體保持原來的靜止或運動狀態的性質。向前行駛中的汽車使車體和隨車的物體都具有一個向前運動的狀態。

前行中的汽車，令乘客在向前運動的狀態。

刹車後，車體雖然停下了，但是隨車的物體與車體是分離的，隨車物體還會保持着向前的狀態，所以就會向前傾。

突然刹車，慣性令乘客的身體向前傾。

慣性的大小與物體的質量有關。質量越大，慣性也就越大。

剛才的那幾輛車看起來好眼熟啊……

叔叔！我們還在比賽呢！

我們已經落到最後一名，布拉拉你太差勁了！

我顧着聽叔叔的講解，一時大意了。

為什麼山裏會有回聲呢？

總算爬到山頂了。

看！

這裏能看見很遠的景色啊。

這兒的景色真美！

真漂亮啊！

真漂亮啊⋯⋯

真漂亮啊⋯⋯

小淘，有很多把聲音跟我很相似呢！

吸氣

你好！我是小淘！

你好！我是小淘！

你好！我是小淘！

那邊也有個叫「小淘」的人嗎？

不用大驚小怪，剛才你們聽到的只是回聲。

為什麼山裏會有回聲呢？

因為我們對面的大山可以把聲音反射回來。

聲波傳播時，碰到障礙物就會反射回來，這種反射聲波叫做「回聲」。當聲音傳到反射面上，一部分聲波能量會被吸收，只有剩下的部分被反射回來，因此我們聽到的回聲音量比原聲要小。

聲音碰到障礙物時，被反射回來。

如果聲源發出的原聲和反射回來的回聲，傳入聽者耳中的時間相差約0.1秒，聽者就能分辨出聲源和回聲；時間相差小於0.1秒，聽起來兩個聲音是重合的，就無法被區分開來。

反射回來的聲音跟聲源發出的時間相隔0.1秒，人耳才能聽到回聲。

看着這般美麗的景色，我真想高歌一曲。

呃⋯⋯

那叔叔你就唱一首吧！

這樣的歌聲根本就是噪音污染！

為什麼小竹竿能撬起大石頭？

看！那裏有隻小老虎。

牠的尾巴被大石頭壓住了！

看來這石頭是從山上滾下來的。

牠會不會吃了我們？

放心吧，這麼小的老虎就跟小貓似的。

我們來幫幫牠！

你們這麼搬，肯定搬不動那塊石頭。

叔叔，你快來幫忙吧。

南南，你往下壓一下這根竹竿。

啊！南南變成大力士了！

可是我沒怎麼用力啊。

這個利用的是槓桿原理。

　　槓桿原理也叫做「槓桿平衡條件」，即支點兩邊的力（施力和抗力）會構成平衡，而作用在槓桿上的兩個力的大小，跟它們的力臂長度成反比。透過比較施力臂和抗力臂的長度，槓桿可以分為三類：

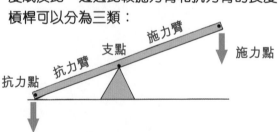

抗力點　抗力臂　支點　施力臂　施力點

抗力 × 抗力臂 ＝ 施力 × 施力臂

抗力點　支點　施力點

施力臂長於抗力臂的槓桿最省力，稱為「省力槓桿」。

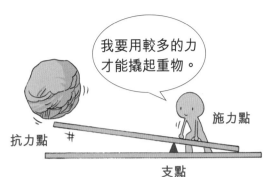

我要用較多的力才能撬起重物。

抗力點　#　施力點

支點

　　施力臂短於抗力臂的槓桿，稱為「費力槓桿」，雖然花費的力氣較多，但可以減少施力的移動距離，節省時間。例如剪刀便是一種費力槓桿。

　　施力臂和抗力臂的長度相等，稱為「等臂槓桿」。這種槓桿既不省力也不費力，不會減少、也不會增加施力的移動距離。

支點

施力點

抗力點

牠的尾巴受傷了，一定很痛吧？

那我們趕快送牠去醫院包紮一下吧。

嗚—

為什麼我們感受不到地球在轉動？

呼——

呼——

嘩——

嘩——

我找了你們半天，原來你們在這裏。

嘩！

咚！

冰冰轉轉太快會很危險，下次不許再這麼玩了。

他説要體驗一下離心力嘛。

地球不停轉動，也有離心力，但為什麼我們不會被甩到太空去呢？

是啊，而且我們都感覺不到地球在轉動。

這是因為我們跟地球一直保持相同的速度轉動。

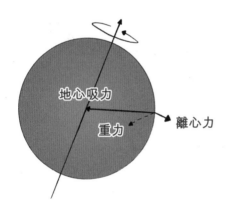

地心吸力

重力

離心力

物體旋轉時會產生一種脫離旋轉中心的力，這種力叫做「離心力」。地球自轉時也會產生離心力，但是由於離心力遠遠小於地心吸力，因此我們不會被自轉的地球甩到太空去。

地球均速自轉，地心吸力吸引着地球上的物體緊貼地面，並跟隨地球一起轉動，令地球上的物體有了與地球一樣的轉動速度。同步運動的物體，彼此間是相對靜止的，因此我們感覺不到地球在轉動。

這就好像我們坐車時，以為自己和車都沒有動。

看到窗外的風景時，才知道車在行駛。

布拉拉，這回該你幫我轉啦！

還沒做完……

等等，你做完功課了嗎？

哼！沒做完功課就出來玩，跟我回家去！

為什麼不倒翁不會倒？

這是什麼？

這是什麼玩具？太好玩了，怎麼推它都不會倒下。

這不是玩具，而是我和南南的勞作功課。

它叫蛋殼不倒翁。

這個東西是雞蛋做的？可是雞蛋立不住，為什麼它可以立着不倒呢？

因為這個蛋殼的底部有塊紙黏土，改變了蛋殼的重心。

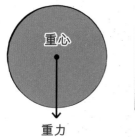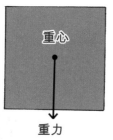

一個物體的各個部分都會受到重力的作用。為了方便研究和理解，我們可以視物體所受到的重力作用集中於一點，這一點叫做「重心」。

在密度均勻而且形狀對稱的物體中，重心位於物體的幾何中心。重心位置越低，物體越穩定。蛋殼不倒翁的重心比雞蛋的重心位置低，因此蛋殼不倒翁比雞蛋穩定。

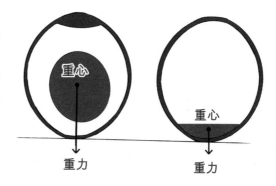

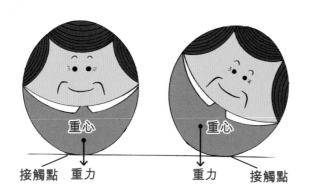

當不倒翁傾向一邊時，它的重心會升高，重心與桌面接觸點不在同一條垂直線上，在重力作用下，不倒翁就會傾向另一邊；如此類推，直至回復到平衡狀態時的位置。在空氣阻力的作用下，來回擺動的不倒翁最終會靜止不動。

可是，你怎麼把紙黏土放進去呢？

是藍色的紙黏土呢！

紙黏土是我在蛋殼挖了個小洞，好不容易放進去的！你把不倒翁弄壞了，我怎麼交功課？

對不起！

哼！你要賠我一個漂亮的蛋殼！

為什麼單車騎起來不會倒？

明明你們的單車只有兩個輪子，為什麼騎起來也不會倒呢？

因為騎起來的單車能夠達到平衡狀態。

　　高速轉動中的物體，有一種保持轉動軸方向不變的能力，就像高速旋轉中的陀螺不會倒下一樣。行駛中的單車車輪高速旋轉，使車子保持一定的平衡狀態，有效牽制重心不會偏移，使車子保持平穩。

　　行駛過程中，單車整體受力基本都在一條線上，側向受力很小，可以保持力的平衡，所以能夠立住不倒。如果有力從側面打破平衡，單車就會歪倒。

我也想騎兩個輪子的單車，讓我試試吧！

哈哈！真好玩！

好，不過你要小心點。

這也沒什麼難度，只要保持直線……

危險啊！

騎車可不是保持直線那麼簡單，你還要學會控制車把轉彎。

而且要時刻留意路面情況。

嗚……我新買的單車啊。

為什麼金屬容易導電？

啊！

為什麼突然變得黑漆漆的？

不用怕，應該只是停電了。

你⋯⋯你要做什麼？

你不是會發電嗎？由你來供電吧！

沒有用呀，電風扇不轉，電視機也沒有畫面。

難道是因為我沒有把他綁結實？

不通電是因為電線外層有絕緣的塑料，不過裏面的金屬絲則是導電的。

為什麼塑料不導電而金屬導電呢？

這就要給你們講講什麼是「導電性」了。

物體傳導電流的能力叫做「導電性」。在沒有電壓的情況下，金屬中自由電子的運動方向是任意的，不會產生電流。當加上電壓後，自由電子獲得附加速度，沿電壓產生的方向做定向移動，就形成了電流。

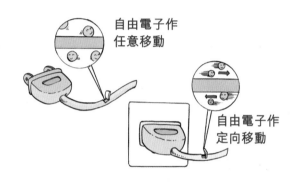

自由電子作任意移動

自由電子作定向移動

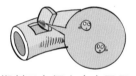

塑料只有極少自由電子

金屬中的自由電子較多，容易導電；而塑料中只有極少的自由電子，不易導電，因此可以作為絕緣體，用來包裹容易導電的金屬電線。

我想到了！

為什麼有些插頭有三隻「腳」？

小淘，你去把電器的電源都拔下來，以免我打掃時觸電。

小淘，去把所有的插頭都插上吧。

布拉拉，去把所有的插頭都插上吧。

布拉拉，你在做什麼？

這個插頭多了一隻腳，我要拔掉它。

這個插頭應該插在這裏！

為什麼有的插頭是兩隻腳，有的是三隻腳呢？

哈哈，我來告訴你吧。

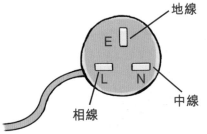

兩腳插頭的兩隻「腳」分別連接相線（火線）和中線，而三腳插頭多出來的那隻「腳」連接的是地線。一般照明電路由相線及中線構成通電回路，為電器供電。地線接於電器的金屬外殼，當電器漏電或產生靜電時，電流會通過地線導入大地，防止人們觸電。

兩腳插頭
漏電
相線
中線
洗衣機
水

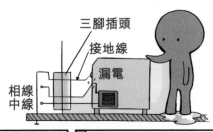

三腳插頭
接地線
漏電
相線
中線

但這地線是接進牆裏，不是接到地下呀。

牆裏的電線直通地下，而且地線要埋到地下一定深度才有用。

打掃完畢，看電視輕鬆一下吧！

讓你找找這是什麼原因。

為什麼大樓頂上有根針？

我進去送貨，很快就出來。

叔叔你沒事真好！

為什麼這樣說呢？

剛才有一道閃電擊中這個樓頂，我們都怕你會受傷。

為什麼大樓裏的人沒有被閃電傷到呢？

你們看到那裏有根針一樣的東西嗎？

那是什麼？

那叫避雷針。有了它，大樓就不怕被閃電擊中了。

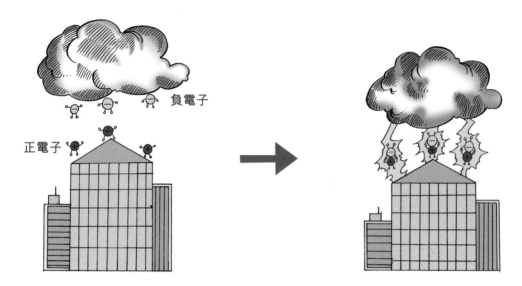

正電子　負電子

在烏雲的底部會產生大量帶負電荷的電子，而雲底與地面會產生感應，令地面帶有大量正電荷。正負電荷會互相吸引，當達到某程度時，就會出現放電現象，也就是我們看見的閃電。

地面的電荷分布並不相同，高聳的物體，例如高樓大廈，電荷會比平地多，被雷電擊中的機會也較高，因此人們會在建築物頂部裝置避雷針，防止建築物被閃電擊中。

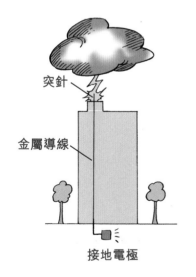

突針

金屬導線

接地電極

避雷針的設計分成三部分，分別是：突針、金屬導線、接地電極。

建築物頂端的避雷針其實是一根金屬突針，上端是尖尖的。然後，避雷針會透過延伸至地底的金屬導線，把雷電引入深埋於地底的接地電極。

接地電極是一塊特別設計的金屬板，可把雷電流入大地。這樣，建築物就能避免受雷電擊中。

所以说，避雷針能把電流安全地引到大地。

什麼正負電荷？弄得我頭昏腦脹……

我身上沒避雷針，不能夠把雷電引走啊……

為什麼在飛船裏體重會有變化？

我也是。向上飛的時候感覺自己變重了,直往下墜;向下飛的時候又感覺自己變輕了,直往上飄。

這種感覺就是物理中常說的超重和失重。

實際體重30公斤

35公斤

飛船向上飛往太空時,要有足夠的速度才能脫離地球,此時體重計上所顯示的體重,除了人本身的體重之外,還有一個讓飛船脫離地球的力量。飛船速度越快,這個力量越大,所顯示的體重也就越大,即超重。

飛船向下飛回地球時,人體和飛船都向下做加速運動,人體對體重計底板所產生的壓力小於自身重力,因此體重計上顯示體重變輕了,這就是失重。

25公斤

實際體重30公斤

這位小朋友說得對，那情況就是完全失重。

那如果向下的速度足夠快，是不是我的體重就變為零了？

那時候，你就會感覺自己飄了起來。

科技館講解員

我看現在就已經有人處於失重狀態了……

走路也會讓橋塌下來？

1831年的一天，一支英國騎兵隊踏着整齊的步伐，列隊通過一座大橋。突然一聲巨響，大橋莫名其妙地坍塌了。人們調查事故原因，既沒有發現敵人的破壞跡象，也排除了橋的質量原因。最後，人們發現事故的發生竟然是因為騎兵隊齊步行進，使橋體發生「共振」所致。

共振是指一個物體受到外力刺激下所發生的強迫振動的頻率，跟物體本身的自然頻率相等時所產生的現象。大橋原本是一個穩定的物理系統，當共振發生時，振幅就會大量增加，令橋體不再穩定，導致發生坍塌。

共振現象經常在日常生活中出現，例如你在盪鞦韆時，有人跟着鞦韆搖盪的自然頻率來推鞦韆就會形成共振，鞦韆就會盪得更高。除此之外，你可以再舉多些例子嗎？

參考答案：持續發出某個頻率的聲音並且該頻率恰好與玻璃杯的自然頻率相同時，玻璃杯就會振動起來；當聲音非常響亮時，即只要玻璃杯的自然頻率的聲音相當強，玻璃杯就會破裂。

小桶和紙杯

除了尺子外，小桶和紙杯都可以成為量度工具呢。你可以用不同大小的手工紙跟着下面的步驟做，完成後把彈珠放進去，比較它們各自能放多少顆彈珠。

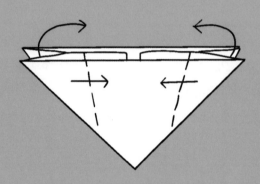

1. 先準備一張正方形紙，再摺成雙三角形，再向裏摺兩角，背面相同。

2. 沿虛線向裏摺，背面相同。

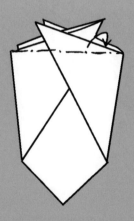

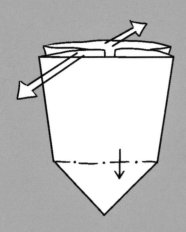

3. 拉開上部分，下面沿虛線摺。

4. 壓實摺痕，將摺紙如圖示展開。

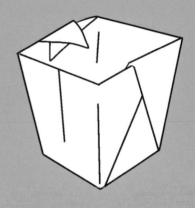

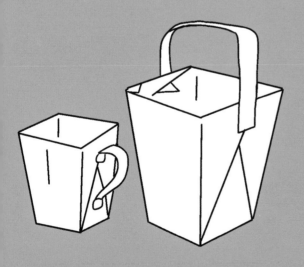

5. 可在不同位置上用紙條做成
   把手，就成了小桶和紙杯。

科普漫畫系列

趣味漫畫十萬個為什麼：物理篇

編　　繪：洋洋兔
責任編輯：潘曉華
美術設計：陳雅琳
出　　版：新雅文化事業有限公司
　　　　　香港英皇道 499 號北角工業大廈 18 樓
　　　　　電話：（852）2138 7998
　　　　　傳真：（852）2597 4003
　　　　　網址：http://www.sunya.com.hk
　　　　　電郵：marketing@sunya.com.hk
發　　行：香港聯合書刊物流有限公司
　　　　　香港荃灣德士古道220-248號荃灣工業中心16樓
　　　　　電話：（852）2150 2100
　　　　　傳真：（852）2407 3062
　　　　　電郵：info@suplogistics.com.hk
印　　刷：中華商務彩色印刷有限公司
　　　　　香港新界大埔汀麗路 36 號
版　　次：二〇一八年九月初版
　　　　　二〇二四年一月第七次印刷

版權所有・不准翻印

ISBN: 978-962-08-7122-1
Traditional Chinese edition © 2018 Sun Ya Publications (HK) Ltd.
18/F, North Point Industrial Building, 499 King's Road, Hong Kong
Published in Hong Kong SAR, China
Printed in China

本書中文繁體字版權經由北京洋洋兔文化發展有限責任公司，
授權香港新雅文化事業有限公司於香港及澳門地區獨家出版發行。